BEI GRIN MACHT SICH IHR WISSEN BEZAHLT

Bibliografische Information der Deutschen Nationalbibliothek:

Die Deutsche Bibliothek verzeichnet diese Publikation in der Deutschen National-bibliografie; detaillierte bibliografische Daten sind im Internet über http://dnb.d-nb.de/ abrufbar.

Impressum:

Copyright © 2012 GRIN Verlag, Open Publishing GmbH
Druck und Bindung: Books on Demand GmbH, Norderstedt Germany
ISBN: 9783668288461

Dieses Buch bei GRIN:

http://www.grin.com/de/e-book/338834/die-zahl-pi-ein-mathematisches-phaenomen

Daniela Scharf

Die Zahl PI. Ein mathematisches Phänomen

GRIN Verlag

IGS Busecker Tal

Jahrgangsstufe 10 Schuljahr 2011/12

H a u s a r b e i t   z u r   P r ä s e n t a t i o n

Im Fach: Mathematik

Thema: **Pi – ein mathematisches Phänomen**

Inhaltsverzeichnis

Einleitung

"Schaut man sich um, ob in der Wohnung oder in der Natur, sieht man überall Rundungen. Aber es gibt nur eine Bezeichnung, die diese Rundungen, Kugeln und Kreise umfasst: die rundeste Zahl von allen, Pi (π)."[1] Woher kommt diese Faszination? Wieso zieht diese Zahl so viele Menschen an? Wieso ist Pi überall? Genau diese Fragen habe ich mir gestellt und viel Interessantes über π herausgefunden. Pi existiert nicht nur im Zusammenhang mit Kreisen, sondern auch mit vielen anderen Dingen, zum Beispiel Dinge aus dem Alltag. Man kennt die Zahl ‚irgendwie' aus dem Matheunterricht. „Irgendwas mit 3,1 war das doch.", würden die meisten Menschen antworten. Allerdings ist diese Zahl viel mehr als nur das. Pi(π) ist das Verhältnis vom Umfang eines Kreises zum Durchmesser eines Kreises, also $\pi \approx u/d$. Pi ist nicht nur in der Mathematik wichtig, sondern auch in der Physik, Architektur und Chemie. Diese Informationen zeigen, dass Pi eine anziehende und außergewöhnliche Zahl ist.

1 Geschichte

1.1 Die Frühgeschichte von Pi

Blickt man ungefähr 4000 Jahre in der Geschichte der Kreiszahl zurück, so kann man sich nur schwer vorstellen, dass zu dieser Zeit schon ein Näherungswert für Pi existierte. Dieser Näherungswert verfehlte den wahren Wert um weniger als ein Prozent. Genau dieser Wert war der erst aufgezeichnete Wert von Pi. Er wurde um 1850 v. Chr. in Ägypten von dem Schreiber Ahmes beschrieben (Bild 1). *"Nimm 1/9 vom Durchmesser weg und konstruiere ein Quadrat aus dem Rest; das hat die gleiche Fläche wie der Kreis."*[2]

Wie man heute weiß, berechnet man die Kreisfläche mit πr^2 und wenn dieser Flächeninhalt dem Quadrat von 8/9 entspricht, dann ergibt als Angabe für π 256/81 oder 3,16049... Dieser Wert wird wie folgt berechnet:

Durchmesser Kreis: 9; Flächeninhalt Kreis ≈ 63,62 Seitenlänge Quadrat: 8; Flächeninhalt-quadrat: 64 64 ÷ 4,5² = 256/81 oder 3,16049

[1] Bentley, Peter J.
[2] Blatner, David

So genau auch dieser Näherungswert war, er setzte sich aus einem unbekannten Grund nicht durch. Die Babylonier und Hebräer gaben sich noch tausend Jahre mit einem Wert von 3 zufrieden.

1.2 Pi bei den Griechen

Spätestens wenn man in der Schule beim „Satz des Pythagoras" angelangt ist, merkt man, dass Griechen viel in der Mathematik forschten. So auch bei der Kreiszahl Pi. Zwei griechische Mathematiker stechen in der Geschichte von Pi besonders heraus: Archimedes von Syrakus und Claudius Ptolemäus. Archimedes lebte von 287 v. Chr. bis 212 v. Chr., Ptolemäus lebte um 100 n. Chr. bis 180 n. Chr. Kommen wir zunächst zu Archimedes, er war nicht nur Mathematiker, sondern auch Physiker und Ingenieur. Er entdeckte unter anderem die Geheimnisse des Flaschenzugs und die des Hebels. Dadurch wurde er hauptsächlich bekannt. Archimedes nutzte die Exhaustionsmethode (Näherungsprinzip) um sich Pi zu nähern. Mit Hilfe dieser Methode konnte er eine obere und eine untere Schranke festlegen. Zu Beginn zeichnete er mit einem Zirkel einen Kreis. In diesen Kreis zeichnete er einmal ein regelmäßiges Sechseck um den Kreis und einmal ein regelmäßiges Sechseck in den Kreis. So verdoppelte Archimedes viermal die Ecken, bis er beim 96-seitigen Polygon (Vieleck) angelangt war. Zu dieser Zeit konnte man den Umfang eines Vieleckes schon berechnen. Dies war aber sehr schwer, da die Ziffer Null noch nicht existierte und die Dezimalschreibweise noch nicht bekannt war. Trotzdem schaffte es Archimedes, und so ging er in die Mathematikgeschichte ein, zwei Annäherungswerte von Pi zu berechnen: 3 10/71 < π < 3 1/7. Heute würden wir schreiben: 3,14084507 < π < 3,142857143 oder 223/71 < π < 22/7. Berechnet man den Durchschnitt dieser beiden Werte, wird der Annäherungswert an Pi noch genauer: (22/7 + 223/7)÷2 =3123/994=3,141851107. Beschäftigen wir uns als nächstes mit Claudius Ptolemäus, er war griechischer Mathematiker, Geograph, Astronom, Astrologe und Philosoph. Unter anderem verstärkte er die Theorie, dass die Erde der feste Mittelpunkt des Weltalls sei und er berechnete sehr exakt Planetenbahnen. In der Mathematik hat Ptolemäus die Trigonometrie weiterentwickelt, diese Erkenntnisse verwendete er später in astronomischen Untersuchungen. Er hat auch einen sehr genauen Wert von Pi berechnet, dazu soll es während einer dieser astronomischen Untersuchungen gekommen sein. Es ist bekannt, dass er Archimedes Vorarbeit nutzte um zu seinem Wert zu gelangen, Ptolemäus soll bis zum 720-Eck gegangen sein um eine Annäherung zu erhalten. Als Wert für Pi erhielt er: 3 17/120 = 377/120 = 3,14166667. Dieser Wert weicht nur um 0,003 Prozent ab. *„Wenn Sie den Umfang eines Kreises mit einem*

Durchmesser von 100 Metern berechneten, würde der Ptolemäische Wert um knapp einen Zentimeter von der richtigen Messung abweichen.[3]

1.3 Pi in der Bibel

Angenommen man liest in der Bibel zwischen den Zeilen, findet man zwei Annäherungen zu Pi, eine davon steht im Kapitel 1. Könige 7,23 *„Dann machte Hiram ein großes rundes Bronzebecken. Sein Durchmesser betrug fünf Meter, sein Umfang fünfzehn Meter und seine Höhe zweieinhalb Meter.*[4] Berechnet man jetzt Pi, dann überlegt man wie es dazu kommen kann, dass dieser Wert so ungenau ist. Denn schon vor ca. 2000 v. Chr. verwendeten Babylonier und Ägypter viel genauere Werte für Pi [$\pi = 3\frac{1}{8}(3,125)$, $\pi = 256/81$ (3,1605)]. Mathematiker und Bibelgelehrte rätseln nun warum Pi so erschreckend ungenau dargestellt wurde. Es gibt einige Spekulationen; eine davon ist, dass der Beckenumfang nicht direkt am Rand des Tempels, sondern weiter unten gemessen wurde.

1.4 "Erfinder" der Kreiszahl Pi

Sucht man nach dem "Erfinder" der Kreiszahl Pi, findet man diesen wohl kaum. Vor tausenden Jahren haben Mathematiker festgestellt, dass es eine immer wiederkehrende Zahl gibt, wenn man den Kreisumfang durch den Kreisdurchmesser teilt. Diese Menschen kann man aber nicht als „Erfinder" von Pi ernennen. Man könnte sie nur als „Entdecker" von Pi bezeichnen, denn Pi existierte bereits vorher. Sucht man aber dennoch nach einem „Erfinder", dann gibt es einen Mathematiker, der Pi nach dem 16. griechischen Buchstaben π benannt hat: William Oughtred. Er benutzte 1647 als erstes den Buchstaben π um die Kreiszahl zu beschreiben. Zuvor gab es tatsächlich kein Symbol zur Bezeichnung dieses Verhältnisses. John Wallis benutzte einst den hebräischen Buchstaben □ um den Wert π/4 zu beschreiben. Später hatte Christoph Sturm, ein bayrischer Professor, den Buchstaben e eingeführt. Diese Bezeichnungen haben sich, wie man weiß, nicht durchsetzen können. Erst 87 Jahre später (1734) hat der einflussreiche Mathematiker Leonhard Euler den Buchstaben π als Bezeichnung für die Kreiszahl wieder aufgegriffen. Eulers Einfluss war so bedeutend, dass viele andere Mathematiker ab diesem Zeitpunkt auch π als Bezeichnung benutzten.

---

[3] Blatner, David
[4] „Gute Nachricht für dich – Die Bibel"

5

1.5 Die ersten Berechnungen von Pi

Man kann Pi nicht nur mit komplizierten Formeln bestimmen oder sich annähern, sondern auch mit einem Zufallsexperiment. Solch ein Experiment hat der Mathematiker Georges Louis Leclerc, Comte de Buffon (1707-1788) entwickelt. Selbstverständlich wurde die Methode nach ihrem Erfinder benannt: Sie ist heute unter dem Namen „Buffonsches Nadelexperiment" bekannt. Um das Experiment durchzuführen benötigt man ein Blatt Papier, eine Nadel, einen Stift und ein Lineal. Zuerst misst man die Länge der Nadel. Im zweiten Schritt werden parallele Linien im Abstand der Nadellänge auf das Blatt gezeichnet. Anschließend wirft man die Nadel auf das Blatt, dieser Versuch sollte möglichst oft wiederholt werden, da man so eine genauere Annäherung zu Pi bestimmen kann. Um ein Ergebnis aufweisen zu können muss während dem Versuch notiert werden, ob die Nadel eine Linie trifft oder eben nicht. Kommen wir zur eigentlichen Rechnung. Hierzu muss zunächst die relative Häufigkeit bestimmt werden, die in der Rechnung „h" heißen wird. Die Formel zu Berechnung lautet: $\pi \approx 2/h$. Je öfter die Nadel geworfen wurde, desto genauer kann man Pi bestimmen.

Gottfried Wilhelm Leibniz (1646-1716) war deutscher Mathematiker und Philisoph, er entwickelte die Arcustangenz-Reihe und leitete von dieser eine vereinfachte Formel ,in Form von einer Reihenentwicklung, ab:
$$\frac{\pi}{4} = 1 - \frac{1}{3} + \frac{1}{5} - \frac{1}{7} + \frac{1}{9} - \frac{1}{11} + \dots$$
. Mit dieser Formel lässt sich Pi noch genauer berechnen, als mit der Monte-Carlo-Methode (siehe Seite 10). Führt man die Reihe bis zum Bruch 1/13 fort, so erhält man für Pi $\approx 0,8209 \cdot 4 = 3,28$; bis zum Bruch 1/15: $\pi \approx 0,75 \cdot 4 = 3,02$; bis zum Bruch 1 /19: $\pi \approx 0,76 \cdot 4 = 3,04$.

John Wallis (1616-1703) war englischer Mathematiker und forschte unter anderem auch in der Geometrie und Trigonometrie. 1655 erstellte Wallis eine unendliche rationale Formel mit der man Pi berechnen kann: $\pi/2 = \frac{2^2}{1 \cdot 3} \cdot \frac{4^2}{3 \cdot 5} \cdot \frac{6^2}{5 \cdot 7} \cdot \frac{8^2}{7 \cdot 9} \cdot \dots$. Berechnet man Pi mit dieser Formel und den oben angegebenen Brüchen, so bekommt man als Zahl für Pi: $1,49 \cdot 2 = 2,97$. Dies ist eine sehr ungenauer Wert, also gilt: Je mehr Werte man in die Formel einfügt, desto genauer wird Pi berechnet.

1.6 Vergleich Pi früher- Pi heute

„Nur 39 Stellen von Pi sind ausreichend, um das Volumen des Universums auf Atomgröße genau zu berechnen.“[5] Dieses Beispiel macht sehr deutlich, welch enorme Auswirkung nur 39 Dezimalstellen von Pi haben können. Besonders deshalb stellen sich Menschen häufig die Frage: zu welchem Zweck das alles? Denkt man über das vorherige Zitat nach, werden bei keiner Rechnung mehr als hundert Stellen von Pi vorausgesetzt. In der Tat verlangt ein Ingenieur nicht nach mehr als sieben Stellen hinter dem Komma, ein Physiker nicht nach mehr als 15-20. Welchen Grund haben demnach Mathematiker weiter zu rechnen? Diese Frage ist alles in allem nicht klar zu beantworten, aber man kann sich den Unterschied zu

früher und heute deutlich machen.

<u>Früher</u>

- Mathematiker rechneten und tüftelten ihr Leben lang daraufhin, so viele Stellen wie möglich zu ermitteln (u.a. Ludolph van Ceulen, William Shanks)
- Berechnungen erfolgten ohne, dass die Null erfunden worden war
- Suche nach einer Regelmäßigkeit oder nach Wiederholungen
- Bevor die Irrationalität bewiesen wurde, suchte man nach einem Ende der Kreiszahl
- Eine Dezimalstelle konnte in einer Woche berechnet werden

<u>Heute</u>

- Keiner verwendet mehr sein Leben darauf, möglichst viele Stellen hinter dem Komma auszurechnen
- Die Leistungsfähigkeit der Computerprogramme will getestet werden
- Softwarefehler oder Hardwarefehler können entdeckt werden
- Man hofft auf Regelmäßigkeiten, aber mit jeder Dezimalstelle mehr, schwinden die Hoffnungen
- Es ist möglich fünf Billionen Stellen hinter dem Komma in 90 Tagen zu errechnen

---

[5] http://abi-null-vier.net//pdf/facharbeiten/8.pdf

<u>Gleichbedeutend</u>

- Die Grenzen auszumessen, ob heute mit dem Computer oder ob früher mit dem Menschen
- Den immer gleich bleibenden Wissensdrang zu stillen
- Mathematiker verfolgen weiterhin die Entwicklung der Häufigkeit aller Zahlen

2 Verwendung

2.1 Rekorde und Besonderheiten

Es gibt nicht nur π-Parfüm, einen π-Film und π-Fanclubs, es existiert auch der Pi-Sport. Die „Sportler" lernen Dezimalstellen von Pi auswendig. Der aktuelle Weltrekord liegt bei 67890 Nachkommastellen, er wurde von dem Chinesen Chao Lu 2005 aufgestellt. Dazu brauchte er ganze 24 Stunden und vier Minuten! Der europäische Rekord wurde vom Briten David Thomas aufgestellt, er sagte im Jahr 1998 22500 Stellen von Pi auf. Unser Landesrekord liegt bei 9140 Stellen und wurde von Jan Harms 2007 in zwei Stunden und 30 Minuten aufgestellt. Nun fragt man sich, wie man so etwas schaffen kann. Die Rekordhalter lernen die Dezimalstellen nicht einfach stur auswendig, es gibt einige Tricks um sich Zahlen merken zu können. Einige Rekordhalter begeben sich in ein abgedunkeltes Zimmer, ohne Kaffee, ohne Geräusche und ohne Zigaretten, damit sie sich nur auf sich und ihr Gehirn konzentrieren können. Man braucht aber mehr als nur dieses Zimmer, die Methode mit der man sich einige Zahlen merken kann nennt man Mnemotechnik. Man bildet sich einen Satz, wobei die Anzahl der Buchstaben eines Wortes je einer Stelle von Pi entsprechen. Wie zum Beispiel: *„How I wish I could calculate Pi"(Wie wünschte ich mir, Pi berechnen zu können)*[6] = 3,141592. Mit dieser Technik kann man bis zur 31. Dezimalstelle auswendig lernen, danach kommt die Ziffer 0. Mathematiker haben sich geeinigt bei dieser Technik als Ersatz für die Null ein Wort mit zehn Buchstaben zu verwenden. Solche Merkreime oder Merksätze gibt es in jeder Sprache.

2.2 Aktuelle Dezimalstellenanzahl

Die Dezimalstellenanzahl ändert sich nicht so häufig, zuletzt berechneten der Amerikaner Alexander Yee und der Japaner Shigeru Kondo fünf Billionen Stellen von Pi. Da es noch mehr Pi-Stellenjäger gibt, sind diese in der folgenden Tabelle aufgeführt.

---

[6] Blatner, David

Mathematiker	Dezimalstellen	Jahr	Methode
Yasumasa Kanada, Daisuke Takahashi	51.539.600.000	1997	*keine Methode bekannt*
Yasumasa Kanada, Daisuke Takahashi	206.158.430.000	1999	*keine Methode bekannt*
Daisuke Takahashi	2.576.980.370.000	2009	Gauß-Legendre-Algorithmus
Fabrice Bellard	2.699.999.990.000	2010	Chudnovsky-Algorithmus
Shigeru Kondo, Alexander Yee	5.000.000.000.000	2010	Chudnovsky-Algorithmus

Wie man erkennen kann haben Yasumasa Kanada und Daisuke Takahashi mehrfach Dezimalstellen berechnet. Einen wirklichen Grund gibt es dafür nicht, man kann nur vermuten, dass sie genau wie viele andere Menschen von der Kreiszahl Pi angezogen werden. Genauso kann man nicht klar sagen, dass die aktuelle Dezimalstellenanzahl von Pi fünf Billionen beträgt, im Moment gibt es bestimmt hunderte Stellenjäger die schon wieder ein paar Stellen mehr ausgerechnet haben.

2.3 Wie kann man eine Dezimalstelle berechnen?

Um Pi berechnen zu können muss man zuerst wissen, welche Eigenschaften Pi hat. Pi ist hat unendlich viele Dezimalstellen, diese Dezimalstellen haben keine periodische Entwicklung, das bedeutet Pi ist irrational (Die Irrationalität von Pi hat 1761 Johann Heinrich Lambert bewiesen, vorher wurde dies von Archimedes vermutet, konnte aber nie von ihm bewiesen werden). Pi ist außerdem transzendent, das bedeutet Pi ist kann nicht durch eine algebraische Gleichung dargestellt werden, hat also keine Struktur und man kann Pi nicht als Bruch ausdrücken. Mit diesem Wissen, komplizierten und etwas leichteren Formeln lässt sich Pi berechnen oder man kann sich Pi annähern.

2.3.1 Die Monte-Carlo-Methode

Zuerst eine Äußerung zum Namen dieser Methode. Monte-Carlo ist ein Stadtteil von Monaco, der für sein Spielcasino berühmt ist. Mathematiker assoziieren zu dieser Methode, das Zufallsverfahren, das auch in Casinos zum Einsatz kommt. Um mit dieser Methode Dezimalstellen von Pi berechnen zu können, zeichnet man zuerst ein Einheitsquadrat dessen Seitenlänge 1 ist. In dieses Einheitsquadrat zeichnet man ein Einheitsviertelkreis. Anschließend verteilt man in diesem Quadrat zufällig Punkte, dies kann mit der Hand oder mit einem Computerprogramm gemacht werden (Bild2, 3). Hat man das getan, zählt man, wie viele Punkte im Viertelkreis liegen. Die Gesamtzahl der Punkte im Kreis wird mit g bezeichnet, die Anzahl Treffer im Viertelkreis mit v. So ergibt sich folgende Formel: $v/g \cdot 4 \approx \pi$ (Näherungswert), (Bild 5). Wie auch beim „Buffonschen Nadelproblem" gilt hier: Je mehr Punkte desto genauer kann man Pi bestimmen.

2.4 Das Bogenmaß

Unter dem Begriff "Bogenmaß" versteht man die Länge des Bogens b der dem Winkel α im Einheitskreis mit dem Radius 1 (Bild 4) gegenüberliegt. In diesem Einheitskreis kann jeder Winkel α einer Bogenlänge b zugeordnet werden. Der Umfang eines Einheitskreises beträgt 2π: $2 \cdot 1 \cdot \pi = 2\pi$. Weiß man wie groß der Winkel α ist, so kann man das dazugehörige Bogenmaß bestimmen. $\alpha = 86°$, $b = \pi \cdot r \cdot \alpha / 180$ $b = (\pi \cdot 1 \cdot 86) \div 180 = 43/90\pi \ (\approx 1,50)$. Zwischen den Bogenmaß b und dem Winkel α ist eine Beziehung zu erkennen: $b/\alpha = \pi/180 = 2\pi/360$. Aus diesem Grund kann man zwischen diesen Maßen umrechnen. Möchte man den Winkel ausrechnen und ist das Bogenmaß b($\approx$1,50) gegeben so lautet die Rechnung $\alpha = (b \cdot 180) \div \pi$ $\alpha = (1,50 \cdot 180) \div \pi = 86$. Das Bogenmaß wird gewöhnlich als Bruchteil von Pi bezeichnet, da mit Brüchen leichter gerechnet werden kann.

Hier eine Tabelle zur Übersicht von Gradmaß und Bogenmaß:

Winkel	0°	45°	82°	90°	135°	180°	270°	360°	540°
Länge des Bogens im Einheitskreis mit dem Radius 1	0	$\pi/4$	$41/90\pi$	$\pi/2$	$3\pi/4$	π	$3\pi/2$	2π	3π

Streng genommen gibt es auch eine Einheit für das Bogenmaß. „Radiant", abgekürzt wird diese Einheit mit „rad". Diese Einheit spielt in der Mathematik keine große Rolle weshalb sie meistens, auch von Mathematikern, weggelassen wird. $\sin(45°)$ und $\sin(45)$ sind daher verschieden. Die erste Angabe ist im Gradmaß angegeben, die zweite Angabe ist im Bogenmaß angegeben.

3 Resümee

Schlägt man im Fremdwörterbuch nach, findet man beim Wort „Phänomen" folgendes: Ugs. für Wunder. Ob Pi ein Wunder ist mag jeder für sich selbst beantworten. An Stelle von Phänomen könnte man auch Rätsel oder Geheimnis sagen, diese beiden Wörter treffen auf die Kreiszahl Pi zu. Pi ist ein Rätsel, hat etwas Magisches, etwas was man nie vollständig lüften wird. Und ich habe während meiner Arbeit gemerkt wie spannend Pi sein kann, man möchte begreifen wieso es diese Zahl gibt, wieso es dieses Verhältnis gibt.

Einige Fragen konnte ich mir beantworten, dass Pi nicht erfunden wurde, sondern nur entdeckt wurde, dass diese Zahl mit ihren Dezimalstellen wirklich unendlich ist, was ich mir vorher nicht vorstellen konnte. Außerdem lernt man dazu, dass man nicht alles verstehen kann. Während meiner Recherche bin ich auf sehr viele Formeln gestoßen, die ich „überlesen" musste, da sie so kompliziert sind.

4 Quellenverzeichnis

Literaturverzeichnis

Behrends, Ehrhard „Fünf Minuten Mathematik", Seite 42/43, Vieweg & Sohn Verlag, 2006

Bentley, Peter J., „Das Buch der Zahlen", Seite 141-149, Primus Verlag, 2008

Blatner, David „π - Magie einer Zahl", Rowohlt Verlag, 2000

Dr. Klaus Volkert „DUDEN Schülerhilfen-Trigonometrie" , Dudenverlag, 2000, Seite 27-31

Mäder, Peter „Mathematik hat Geschichte", Seite 32-73, Metzler Verlag, 1992

„Gute Nachricht für dich- Die Bibel", Deutsche Bibelgesellschaft, Seite 323/412

„Erweiterungskurs- Mathematik 10" ,Westermann Verlag, 2004, Seite 137-140

Internetquellen

http://www.abi-null-vier.net//pdf/facharbeiten/8.pdf 27.01.2012 16.30 Uhr

http://www.chip.de/news/Pi-Studenten-stellen-neuen-Berechnungs-Rekord-auf_44213116.html 3.02.2012 19.15 Uhr

http://www.pimath.de/quadratur/pi_geschichte1.html#pi100 31.01.2012 15.00 Uhr

http://www.mpg-trier.de/d4/main/madmax/m22/22_nadelproblem.htm 8.02.2012 16.30 Uhr

http://www.pi-world-ranking-list.com/index.php?page=lists&category=pi&sort=digits 8.02.2012 17.00 Uhr

http://www.whoswho.de/templ/te_bio.php?PID=2312&RID=1 3.02.2012 18.00 Uhr

http://www.smg-ingelheim.de/schulpage/sebastian_muenster_namenspatron/ptolemaeus.htm 10.02.2012 15.00 Uhr

http://www.virtual-maxim.de/pi-mit-monte-carlo-simulation-und-leibnitz-formel-berechnen/ 10.02.2012 16.00 Uhr

http://www.multilingualarchive.com/ma/enwiki/de/John_Wallis#Mathematics   15.02.2012
15.00 Uhr

Bildverzeichnis

http://www.mreha.com/page84.html 12.02.2012 (Bild 1)

http://www.ballonflug.org/archimedes/ 12.02.2012

http://www.focus.de/wissen/bildung/mathematik/portraet/tid-8279/geschichte_aid_229009.html 12.02.2012

http://www.pi-world-ranking-list.com/lists/details/luchao.html 12.02.2012

http://mata.gia.rwth-aachen.de/Vortraege/Benno_Willemsen/pi/script/Skriptdatei_html_fd79132.png 12.02.2012

http://www-math.upb.de/~mathkit/Inhalte/Trigonometrie/data/manifest25/bogenmass1.png

12.02.2012 (Bild 5)

http://media.virtual-maxim.de/uploads/2011/08/Pi_mit_MCS1.png 12.02.2012 (Bild 2)

http://media.virtual-maxim.de/uploads/2011/08/Pi_mit_MCS2.png 12.02.2012 (Bild 3)

http://media.virtual-maxim.de/uploads/2011/08/Pi_mit_MCS.png 12.02.2012 (Bild 4)

http://de.wikipedia.org/wiki/John_Wallis 15.02.2012 15.30 Uhr

Anhang

Bild 1 Das Rhind-Papyrus auf dem Ahmes seine Annäherung an Pi aufgeschrieben hat.

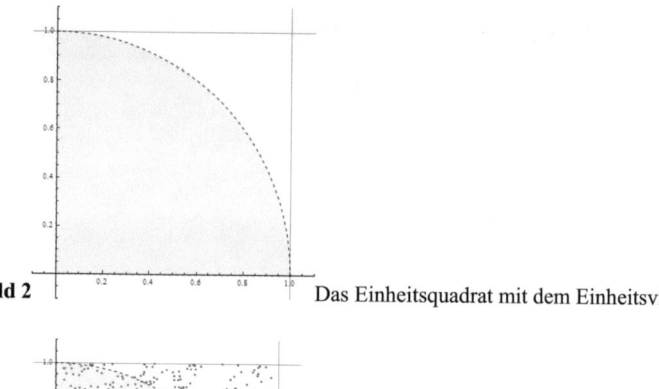

Bild 2   Das Einheitsquadrat mit dem Einheitsviertelkreis.

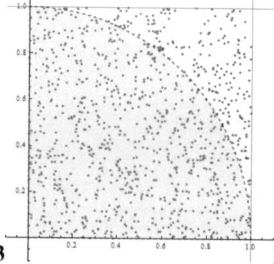

Bild 3   Die Punkte wurden zufällig im Koordinatensystem verteilt.

```
Pi-Berechnung mit Monte-Carlo-Simulation
n=10  Pi: 2.8   Abweichung: 10.87323187%
n=100   Pi: 3.44  Abweichung: 9.498600847%
n=1000  Pi: 3.224  Abweichung: 2.623107306%
n=10000  Pi: 3.15  Abweichung: 0.2676141479%
n=100000  Pi: 3.14996  Abweichung: 0.2663409083%
n=1000000  Pi: 3.143224  Abweichung: 0.05192736902%
n=10000000  Pi: 3.142392  Abweichung: 0.01305536572%
```

Bild 4

Eine Beispielrechnung zu Annäherung von Pi mit der Monte-Carlo-Methode.

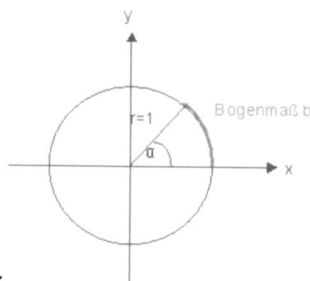

Bild 5   Der Einheitskreis.

BEI GRIN MACHT SICH IHR WISSEN BEZAHLT

- Wir veröffentlichen Ihre Hausarbeit,
  Bachelor- und Masterarbeit

- Ihr eigenes eBook und Buch -
  weltweit in allen wichtigen Shops

- Verdienen Sie an jedem Verkauf

Jetzt bei www.GRIN.com hochladen und kostenlos publizieren